여행을 그리다

마음이 머문 순간을 담다

여행을 그리다

글·그림 최예지

버튼북스

꽃들이 하나씩 하나씩 시들어 떨어지듯이
그 상대들이 사라저 가도록 보고만 있었다.
나는 그냥 하나의 꽃에서
또 다른 꽃으로 달려갔을 뿐이다.

여행 그 자체 밖에는 아무런 목적이 없는 여행들.

「섬」, 장 그르니에

열 달 열심히 일하고, 추운 겨울 제주를 떠나 여행을 간다.
큰 이유는 없다. 그저 열심히 살았으니,
잠시 모든 걸 내려놓아도 되지 않을까 하는 마음이다.
많은 것이 불안정하고,
한 치 앞을 내다볼 수 없는 프리랜서의 삶에
나만의 규칙을 만든다.
일정한 패턴이 생기면 삶은 덜 불안하니까.
그 목적을 위해 힘든 시간을 버틸 힘이 생기니까.

여행을 떠나는 것 이외의 아무런 목적이 없다.

그런 마음으로 목적지만 정하고 떠나는 여행은
좋기도 하고
좋지 않기도 하고
예쁘기도 하고
외롭기도 하고
아쉽기도 하고
집에 가고 싶기도 하고
너무 아름다워 이 순간이 영원하길 바라기도 하고
또 다시 불안하기도 하고
고맙기도 하고
시간은 느리게 가고
시간은 또 빠르게 간다.

그렇게 나는 2016년 시드니에,
2017년 베를린과 바르셀로나에 다녀왔다.

건너편 카페 야외 테이블에서 젊은 친구 두 명이 마주 보고 앉아 커피를
마시고 있다. '마주 보고 대화하는 건 아름다운 일이다.'라고 노트에
적었다. '햇살과 나무의 그림자는 더없이 근사한 배경'이라는 문장도 함께.
새삼스럽다. 그냥 마주 보며 대화를 나누는 모습이 뭐가 저렇게 아름다울까.

SYDNEY, 2016. 02

길을 걷는다. 해가 조금씩 내려앉기 시작했고, 어디선가 까르르 웃음 소리가
들려왔다. 꽁꽁 언 강에서 사람들이 스케이트를 타며 행복한 시간을 보내고
있었다. 아빠의 장난에 자지러지듯이 웃는 아이와 그 둘을 뒤에서 껴안는
엄마의 모습에서는 눈물이 났다.

BERLIN. 2017. 02

네 살도 안되어 보이는 작은 아이와 부부가 성당 앞 계단에 앉아 있다.
아이는 옆에서 바이올린을 연주하는 아저씨를 한참이나 집중해서 보더니
연주가 끝나자 계단아 앉아 있는 사람들 중 가장 먼저 박수를 쳤다. 나는 이
장면이 너무나 아름다워 바르셀로나 성당 앞에서 울었다.

시간이 지나도 오래 기억되는 장면은 이런 순간이다.
나는 그 순간을 영원으로 붙들고 싶어 그림을 그렸다.
행복은 여행이나 꿈에 있는 게 아니라 일상에 있었다.
반짝거리는 일상을 발견하는 일은 우리의 몫이다.
『여행을 그리다』는 이렇게 시작되었다.

● CONTENTS

SYDNEY

BERLIN

BARCELONA

SYDNEY

초록

HYDE PARK, SYDNEY

사람도
자동차도
건물도
길거리에 담배 연기도 가득하다.

그럼에도 불구하고 도시 곳곳에
나무와 공원이 많아 숨 쉴 곳이 많다.

나무들도 어찌나 큰지
다른 것들을 지우면
흡사 『반지의 제왕』의 한 장면 같다.

초록은 삶의 균형을 만든다.
초록이 주는 위대함이다.
초록은 밤에도 푸르다.

그 래 서   네 가   좋 다 .

시드니 멍뭉이들
HARMONY PARK, SYDNEY

공원에서 산책하다 만난 두 멍뭉이들이 서로 좋아 어쩔 줄을 모른다.
둘이 신나게 뛰어논다.
서로 핥고, 기대고, 마음껏 뛰고, 즐겁게 애정을 주고받는다.
그러다 각자의 주인이 휘파람을 한번 불자 뒤도 돌아보지 않고 뛰어간다.
혹시나 싶어 긴 시간 바라보는데 둘 다 미련이 없다.

문득 돌아서야 하는 타이밍에 돌아서지 못하고 서성이는 그녀가 생각난다.
그녀는 행여나 상처받지 않을까 싶어 그와 신나게 뛰어놀지도 못했다.
이러지도 못하고, 저러지도 못한 채 미련 가득한 마음이 오죽하리.
혼자 또 멍하니 그런 생각을 하는데 너나 잘하라는 소리가 들린다.

그 런 날 이 다 .

공원에서 만난 단어
THE ROYAL BOTANIC GARDEN, SYDNEY

공원을 안내하는 푯말에
'relax, contemplate, discover, enjoy!'
네 단어가 적혀 있다.
사전을 검색한다.

relax : (즐기는 일을 하면서) 휴식을 취하다, (마음의 긴장을 풀고) 안심[진정]하다, 긴장을 풀다

contemplate : 고려하다[생각하다], (어떤 일의 발생 가능성을) 생각하다, 심사숙고하다, (오래) 바라보다

discover : (무엇의 존재를) 발견하다, (감춰져 있거나 예상치 못하던 것을) 발견하다,

enjoy : 즐기다, 누리다, 향유하다, 맘껏 즐겨!

*네이버 사전

괜히 고르고 싶은 뜻만 골라
내 멋대로 해석한다.

그동안 고생했으니까.

'긴장을 풀고,
오래 바라보면서,
드러나지 않는 것을 발견해 봐,
그리고 마음껏 즐겨!'

노트에 꾹꾹 눌러 적는다.

STRONG
HARBOUR BRIDGE, SYDNEY

하버 브리지 밑에서 만난 귀여운 청멜빵바지 콧수염 할아버지.
그는 자신의 강아지를 훈련 중이었는데, 강아지는 말을 듣지 않고
놀고 싶어 했다. 가겠다는 할아버지와 가지 않겠다는 강아지의 힘자랑이
귀여워 가만히 바라보았다. 할아버지는 땀을 뻘뻘 흘리며 외치셨다.

"He is very strong!"

문득, 친구와 주고받았던 메시지가 생각났다. 사랑 때문에 고민하던
친구에게 '우리 조금 단단해지자.'라고 했더니, '단단해져서 뭐하겠어.'라는
대답에 나는 쉬이 답장하지 못했다.

그러게… 단단해져서 뭐하겠어. 그래도 스스로가 버틸 힘은 있어야,
저렇게 서로 밀고 당기면서 관계를 지속할 수 있지 않겠어?

보내지 못했던 답장을 보내야겠다.
'글쎄, 며칠 뒤에 시티 횡단보도에서 할아버지를 다시 만났는데
또 청멜빵바지를 입고 계셨어.'
귀여운 단벌 신사로부터 너를 떠올렸다는 말을 덧붙여서 말이다.

He
is
very
strong!

TIME
TO
Live
Love
Laugh
& Learn

TIME TO LIVE, LOVE, LAUGH & LEARN
AMPERSAND CAFE & BOOKSTORE, SYDNEY

북카페에서 그리고 싶은 할아버지를 만났다.
볼록 튀어나온 배와 하얀 머리,
체크 무늬 셔츠가 참 잘 어울리신다.
영화 『UP』에 나오는 할아버지가 생각나
힐끔힐끔 바라보며 영화의 장면을 떠올린다.

성격과 집안 분위기가 전혀 다른 두 사람이 만나 가정을 이루고,
넥타이가 여러 번 바뀌는 걸로 시간이 지남을 이야기하고,
자신들이 꿈꾸는 걸 벽에 그려 놓는 장면까지 빠짐없이 떠올린다.

할아버지가 들고 계신 책에는
'Live'를 포함한 단어들이 적혀 있다.

괜히 이전에 적어 두었던 책 제목
『Time to live, love, laugh & learn』을 넣어 할아버지를 그린다.
살아갈 시간과 사랑할 시간과 웃을 시간이 지금 이 순간에 있음을 기억하자.

할아버지가 먼저 카페를 떠나시고 그림이 완성됐는데
이렇게 말하실 것만 같다.

'이보게 자네, 내가 뭘 또 이렇게까지 배가 나왔나. 허허.'

쓱쓱싹싹
THE PARAMOUNT COFFEE PROJECT, SYDNEY

쓱쓱싹싹.
눈에 보이는 장면을 그 자리에서 빠르게 잡아 낸다.
움직임이 많은 찰나이기에 힘을 빼고
선을 더 단순하게 표현하려 노력해야 한다.
형태에 집착하지 않는다.
원근법이 무슨 소용이랴. 계산 없이 쓱쓱싹싹.
다 그리고 나면 삐뚤빼뚤 어설프고 색도 엉성하게 입혀지지만
쓱쓱싹싹 빠르게 그리는 시간이 몹시 좋을 때가 있다.

마치 그 순간을 영원으로 잡아 둔 것 같은 기분이 든다.

구멍이 난 앞치마를 입고,
잘생긴 오빠들이 이리저리 분주히 움직이며 커피를 나른다.
까슬까슬한 턱수염이 있는 오빠는 연신 인자한 미소를 날린다.
카페 뒤편에 있는 큰 산의 흑백사진이 오빠들과 더해져
분명 나보다 어린 친구들이지만, 그럼에도 오빠라고 부르고 싶기만 하다.

아니나 다를까,
시간이 흐른 뒤에 꺼내 보아도
그 순간의 감정, 온도, 분위기가 고스란히 담겨 있다.

머물고 있는 장소에서
보이는 것을 두서없이 표현해 보자.

우리들의 에피소드가 이렇게 하나씩 더해진다.

소망

THE ROYAL BOTANIC GARDEN, SYDNEY

아주 작은 아기였다. 이제 막 아빠가 된 남자가 어쩔 줄 모르며 아기의 기저귀를 갈고 있다. 아내는 그 모습을 가만히 지켜보며 천천히 기다린다. 어색하고 서툴러도 연신 행복한 표정으로 남편과 아기를 번갈아 바라본다. 아기와 엄마를 위해 깔아 둔 작은 천에 놓여 있는 젖병은 귀엽기만 하고, 그들 곁으로 드리워진 그림자 사이로 바람이 분다. 바람 따라 번지는 그들의 미소에 나도 웃는다.

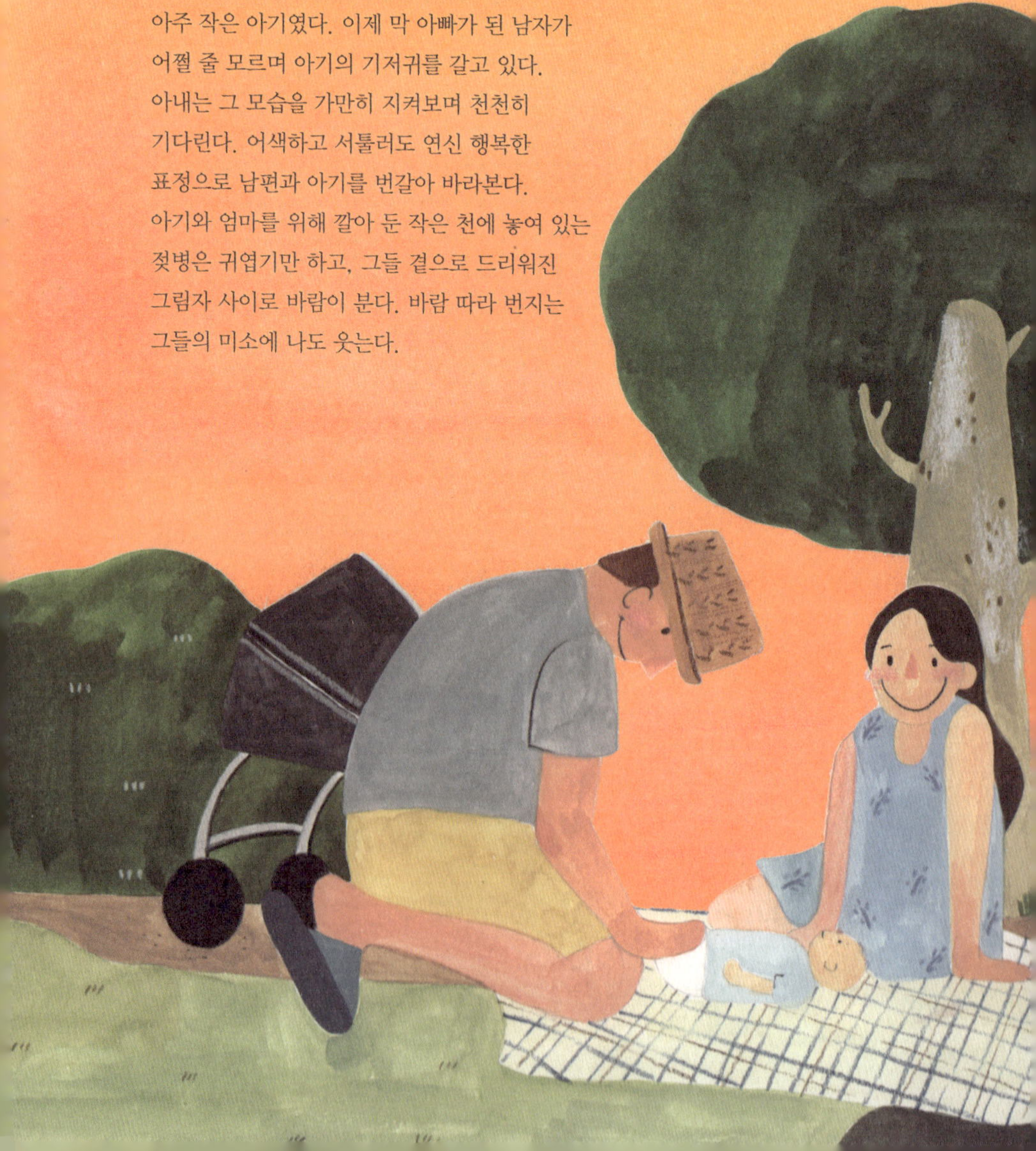

사랑하는 이와 가정을 이루고, 열 달이란 시간을
아기와 함께 성장해 엄마가 되고, 처음 맞이하는
인생의 찬란한 순간들을 미소로 맞이하는 것.
아프고 힘든 일 역시 의연하게 견뎌 내는 삶.

이렇게
보고, 듣고, 말하고, 쓰고, 그리면
바라던 모습대로 살겠지 싶어 차곡차곡 쌓아 둔다.

IT WILL BE OKAY

IT WILL BE OKAY!

HYDE PARK, SYDNEY

아이스크림 차 앞에서 모두
한마음 한뜻이 되어 자신의 차례를 기다린다.
아이, 청년, 아저씨, 아주머니, 할머니까지
모든 세대가 한곳에 모여 있는 장면이
어찌나 뭉클하던지.

두 손 꼭 모으고, 기다리는 설렘과
내 차례가 되었을 때의 그 짜릿함.
우리는 그렇게 하나가 된다.

아이스크림 차 이름을
괜히 내 마음대로 바꾼다.

It will be okay.

왠지 우리는 모두 괜찮을 것만 같다.
그랬으면 좋겠다.

그린다는 행위의 아름다움

골목길을 걷다가 작은 빈티지 가구점을 만났다.
안에는 낡고 오래된 것부터 시작해
이제 막 만들어져 윤기를 내는 것까지 참으로 다양한 가구들이 있었다.
이곳이 사는 곳이라면, 하나쯤 집어 가고 싶다.

그중에 가장 맘에 드는 의자가 있다.
앉아 봐도 된다는 주인의 말에 살짝 기대어 앉았는데
편한 건 물론이고, 그려져 있는 자주색 꽃과 초록의 큰 잎사귀가
꼭 작은 정원에 앉아 있는 기분이 들게 했다.

눈을 감고 니의 마음속 정원에 이 커다란 자주색 꽃을 심는다.
빨강보다 한층 무겁고 깊은 색을 지닌 자주색은 안아 주는 느낌을 준다.

꽃 바탕이 짙기에 수술의 하얀과 노란색이 더 밝게 빛난다.
마냥 무겁지만은 않게.
사람의 나이로 치면 마흔의 느낌이랄까.

데려오고 싶지만 데려올 수 없어 아쉬움 가득 남은 표정으로
가게 주위를 서성거렸다.

그래, 그림으로 남기자.
의자 덕에 그린다는 행위의 아름다움을 발견한다.

눈에 보이는 걸 나의 방식과 색으로
빼고 싶은 것은 빼고,
남기고 싶은 것만 남긴 채 그린다.

문득,
어쩌다 인생에서 한두 번쯤은
지우고 싶은 것은 지우고,
기억하고 싶은 것만 남긴 채 살아 보는
마법을 부릴 수 있으면 좋겠다는 생각이 든다.

그렇다면
우린 조금 덜 외로울 텐데.

5. FEBRUARY. 2016
newtown. sydney

페리를 타고 바다를 건너는데
오페라 하우스가 한눈 가득 들어온다.
왈칵 눈물이 쏟아졌다.

작년. 내가 사는 제주로 찾아온 친구가 있었다.
그녀는 시드니에서 유학 중이었는데,
내가 사는 동네가 마음에 들어 열흘이나 묵고 갔다.

한 달 생활비 버는 것도 빠듯해 힘들었지만,
"내년에는 네가 있는 시드니로 내가 갈게!" 너스레를 떨었다.
왠지 그렇게 말하면 정말 시드니로 갈 수 있을 것만 같았다.

딱 일 년 뒤, 버릇처럼 말했던 시드니에 내가 있다. 꿈꾸던 곳에 왔다.
바라는 대로 상상하면 이루어진다는, 그렇고 그런 이야기를 하고 싶진 않다.
하지만 일 년 동안 이곳에 오기 위해 노력했던 수많은 순간들을 떠올린다.

맑은 수채화로는 표현하기 힘든,
무겁고 짙은 시간이었다.

굿바이, 시드니
PHILLIP ISLAND, MELBOURNE

호주 멜버른 필립 아일랜드에는 세상에서 가장 작은 펭귄들이 산다. 아침이면
바다로 출근하고, 해가 질 무렵 사냥감을 가지고 퇴근한다. 필립 아일랜드는
펭귄들의 퇴근길을 사람들에게 공개하고, 입장료는 펭귄을 보호하는 비용으로
쓴다. 다 자란 펭귄이 35센티미터 정도이니 실제로 보면 너무 작아 미소가 절로
지어진다. 바다가 보이는 벤치에 앉아 펭귄을 기다린다. 해가 뉘엿뉘엿 넘어가고
어스푸름해지니 사람들 사이 여기저기서 작은 탄성이 터졌다. 어디 있나 자세히
살펴보니 펭귄들이 무리를 지어 빠르게 걷고 있다. 뒤뚱뒤뚱 짧은 다리로 자신의
집으로 돌아가는데 저마다 무리를 지어 있다.

때가 되니 가족의 품으로, 자신의 집으로 돌아가는 펭귄을 보며 나도 집으로
돌아가고 싶다는 마음이 든다. 펭귄을 보고 숙소로 돌아가는 길, 펭귄집 말고는
아무것도 없는 섬이라 불빛조차 없다. 온통 깜깜한 밤하늘에는 엄청난 별천지가
펼쳐져 있다. 여행을 돌아본다. 저 하늘의 별들은 이 여행을 떠나오기 위해
찍었던 점처럼 느껴진다. 수없이 찍고, 또 찍었던 점이 모여 나는 떠나올 수
있었다.

이제 집으로 돌아갈 시간이다.

Phillip Island

natural wildlife experience
25. February 2016

함께 논다. "함께"
그리고 고민한다. 우리 집이 어디더라?

비치에서 만난 이야기

#1

해 질 녘
야자수 사이로 들어오는
노란 햇살이 좋다.

#2

큰 안경을 쓰고 바닷속을 들여다보았다.

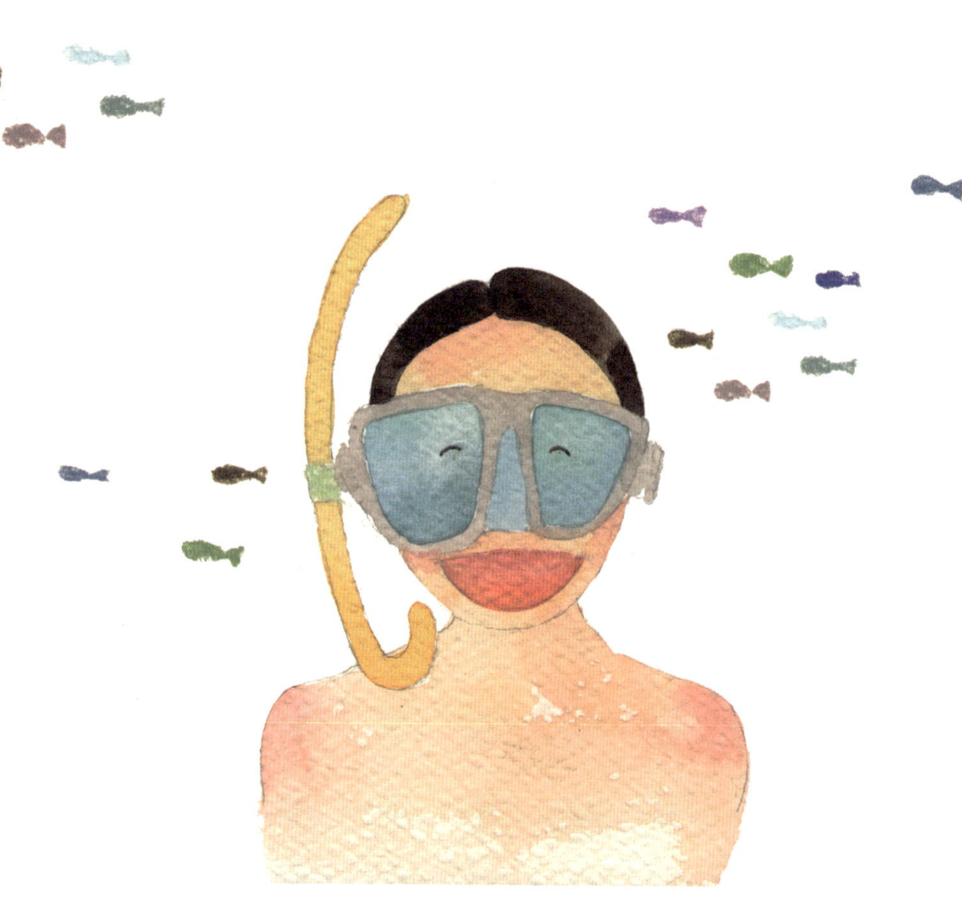

#3

바다에서 만난 물고기 친구들,
반가워!

#4

아빠와 같은 곳을 바라본다.
아이가 부럽다.

＃5

함박 웃음과 인어 꼬리를 장식한 조개껍질이
나를 그리게 만든다.

#6

해변에서 만난 이야기를 패턴으로 만든다면
이런 모양일 것이다.

움직이는 것을 멈추고 아무 생각이 들지 않는 묘한 분위기가 있다.

넋을 놓고 앉아 있게 만드는 풍경들,

습기 없는 바람과 나무가 내는 소리,

햇살의 뜨거운 공기와 그림자의 차가운 공기.

이것도 하고 저것도 하고,

이곳도 가고 저곳도 가자고 다짐하지만

결국 나는 그대로 멈춰 아무것도 하지 않았다.

그런 묘한 공기가 있다, 이곳은.

쉴 새 없이 움직이지만

모두가 똑같이 움직이는 것은 아니라

우리는 선택할 수 있다.

멈추어 있을 것인가, 움직일 것인가.

도시 곳곳에 숲이 있다. 어지가 있는 삶이 좋다.

끝이 아쉬운 걸 보니 좋았나 보다.

좋았다.

BERLIN

비행기 값을 아낀다고 집에서 떠나온 지 서른 시간이 흘렀다. 마침내 베를린에 도착했을 때, 비행기에서 보던 영화 속 불치병에 걸린 남자 주인공이 죽기 전, 여자 주인공에게 남기고 떠난 편지 마지막 부분이 떠올랐다.

"그냥 잘 살아요. 그냥 살아요."

내게 하는 말 같았다. 너무 많이 생각하지 말고, 너무 많이 고민하지 말고 그냥 잘 살아라. 그냥 살아라.

첫 여행인 시드니에서 이것도 보고, 이것도 해야 하고 등등 많은 욕심을 부려 도통 여행에 집중하지 못했다. 멀리 떠나서도 불편하고 불안해, 마음을 내려놓기까지 한 달이란 시간이 흘렀다. 시드니 여행 후 일 년 동안 열심히 일하고 꼬박 일 년 만에 다시 떠나온 베를린. 기억해야 할 마음가짐은 '그냥'이다.

왜 베를린이냐는 친구의 물음에도 '그냥' 베를린이 가보고 싶었어.
왜 여행을 떠나냐는 엄마의 물음에도 '그냥' 떠나고 싶어.
베를린에 가서 뭐 할 계획이냐는 사람들의 질문에도
'그냥' 동네를 산책하거나 커피를 마시고 그림이 그리고 싶을 땐 그리고.
'그냥' 잘 모르겠다고, 아무런 정보도 알아보지 않고
'그냥' 머물 숙소만 정해 두고 떠난다고 말했다.

다른 승객들이 선반에 넣어 두었던 짐을 꺼낼 때,
나는 노트를 꺼내 크게 적었다.
'그냥 잘 여행하자. 그냥 살아 보자.'

비행기에서 내리자마자 차가운 공기가 느껴졌다.

아, 베를린이다.

WELCOME, ARTYE!

관계에서도 첫인상이 차지하는 부분이 큰 것처럼, 여행에서도 공항에서 내려 숙소까지 가는 출발이 중요하다. 베를린에서 바르셀로나까지, 한 달 반이라는 긴 계획 때문에 짐이 많았다. 게다가 베를린은 겨울이니 이것저것 챙긴다고 가방은 배로 무거웠다. 손목이 좋지 않아 짐을 들고 버스와 지하철을 타면 여행 처음부터 무리를 하게 되어 여행 내내 손목 통증에 시달린다. 공항에서 숙소까지 택시를 타는 건, 여행의 첫인상을 좋게 만들기 위한 작은 방법이다.

택시는 독일답게 벤츠. 내 인생에 첫 벤츠. 벤츠가 뭐라고 싶으면서도, 괜히 신기하다. 낯선 도시에 이제 막 도착한 이방인은 창밖으로 드리워지는 베를린의 풍경에 쉴 새 없이 탄성을 지른다. 적어 두었던 주소와 맞는 곳에 도착해, 두근거리는 마음으로 초인종을 눌렀다.

고양이, 딸과 함께 살고 있다 했다. 자신의 딸이 내가 머물 방을 안내해 줄 거라고 메시지가 와 있었다. 금발의 머리 긴 소녀가 내가 머물 방이라고 소개할 때, 나는 마음이 벅차 울컥했다.

큰 창문, 창문 너머 보이는 큰 나무, 작은 공원, 높은 천장 위에 있는 샹들리에, 낡은 고가구들, 창문의 작은 화분, 그리고 침대 위에는 사과, 귤, 키위, 작은 나이프와 포크까지 놓여 있다. 와이파이 비밀번호가 적힌 메모장에 'welcome, artye!' 작은 문구까지. 따뜻한 주인의 배려 덕에 여행의 시작이 행복하다. 큰 고양이와 작은 고양이는 새로 찾아온 손님이 신기한지 연신 곁에 다가와 코를 킁킁거린다. 모든 게 완벽하다.

그녀의 집에 일주일을 머물렀다. 내가 머문 방뿐만 아니라 집안 곳곳은 하나의 작품 같았다. 화장실에 있는 큰 거울과 작은 고가구들, 그녀의 액세서리와 유기농 화장품들, 넉넉한 가운, 크고 작은 조명들, 러그. 집안 곳곳에는 미술 작품이 걸려 있었고, 많은 LP, CD들이 곳곳에 흩어져 있었다. 나는 특히 그녀가 다리미질을 할 때 틀어 놓는 음악이 좋아 방문을 살짝 열어 두었다. 부엌에 있는 빈티지한 그릇들까지도. 머무는 내내 정성스럽게 잘 가꾼 그녀의 일상을 보며, 나는 내 일상을 떠올리곤 했다. 작은 스탠드 조명이 주는 힘에 대해, 벽에 걸려 있는 그림에 대해, 액자에 담겨진 딸의 어렸을 적 그림에 대해. 사실 일상을 아름답게 하는 건, 애정하는 것을 조금씩 채워 넣는 일이라는 걸.

그녀의 집을 떠나는 날, 나는 그녀에게 고양이 두 마리 그림을 그려 넣은 엽서에 편지를 썼다. 당신의 아름다운 일상 덕분에 행복했다고. 한국으로 돌아가면 나의 삶도 내 것으로 조금씩 채워 아름다운 일상으로 만들겠다고.

영어 울렁증이 있는데 자꾸 북한에 대해 어떻게 생각하느냐 물어서 슬금슬금 주인을 피했던 나를 빼면 모든 게 아름다운 여행의 일상이었다.

곳곳이 낭만이었던 우리 집 안녕.
잘 지내요, Silke!

BEAUTIFUL DAY

여행지에서 꽃을 자주 사는 편이다.
유럽에서는 보통 한 다발에 6~8유로 정도 하는데,
우리나라 돈으로 만 원이면
여행지에서도 일상의 작은 행복을 누릴 수 있다.
꽃을 한 다발 사 들고 숙소로 가 페트병을 잘라 꽂아 둔다.

아침마다 혹은 종일 걷다 숙소로 돌아오면 활짝 핀 꽃을 볼 수 있다.
대개 3~4일 정도는 활짝 펴 있는데, 그게 그렇게 기분이 좋다.
매일이 특별한 날로 느껴진다.
특히 나는 여행 중이니, 그 낭만이 배로 증가한다.

내 꽃을 사며 머물고 있는 숙소 집주인에게 줄 꽃도 산다.
당신의 일상으로 인해 나는 나의 일상을 떠올린다고.
사는 이도 기쁘고 받는 이도 기쁜 아름다운 선물이다.

꽃을 사며
"Have a beautiful day!"라는 인사를 받았다.
단어처럼 예쁜 인사다.

아름다운 날들이길.

우리가 사는 이야기

PRENZLAUER BERG, BERLIN

가고 싶던 공원에 갔다가 정처 없이 걷는 중이다.
어디 방향으로 갈까 고민하느라 신호를 놓쳤다.
노부부가 손을 꼭 맞잡고 천천히 걸어오고 계셨다.
금방 파란불을 놓쳤기에 다시 파란불이 될 때까지 꽤 시간이 걸렸다.

할아버지의 다리가 많이 불편해 보였다.
할아버지는 신호를 기다리며 점점 할머니에게 기대 오셨고,
할머니는 할아버지를 지탱하기 위해 몸에 더 힘을 주셨다.

주먹을 꽉 쥐시고 다리를 벌리신 채
기대어 오시는 할아버지의 몸을 작은 어깨로 받치고
할아버지를 향해 미소를 띠우신다.

할머니의 에너지가
건너편에 서 있는 내게 전해지는 순간
마음에는 이상한 감정이 피어났다.

서로가 서로를 의지하며 꼭 마주 잡은 손이 좋아서
건너편 신호등에서 물끄러미 바라보며

'지금처럼 두 분 서로에게 의지하며 오래오래 건강하세요.'

나지막이 기도했다.

Our Story

우리가 사는 이야기

2019
Berlin

ortye

영화처럼 등장한 J

우리는 함께 베를린으로 여행하기 위해 오래전부터 돈을 모았다. 휴가가 넉넉했던 나는 먼저 베를린에 도착해 여행을 했고, 친구는 중간에 오기로 했다. 친구가 베를린으로 도착하기로 한 아침, 사랑하는 사람을 만나러 가는 사람처럼 마냥 들떠 정성스럽게 화장을 하고 예쁜 옷으로 차려입고 친구를 기다렸다.

머물고 있던 숙소는 2층. 경적 소리가 들려 창문 밖을 내다보니 J가 택시에서 내리고 있다. 훤칠한 택시 기사님의 도움을 받으며. 창문 너머 보이는 그 풍경에 주변에 있던 공원과 나무들이 갑자기 사라지고 온 세상이 노란색으로 가득 찼다. 때마침 해가 가장 낮은 곳으로 내려오는 해 질 녘. J가 베를린에 도착한 날은 구름 한 점 없이 파란 날이다. 서울도, 제주도 아닌 베를린에서 만난 우리는 반가워 어쩔 줄 몰랐다. 푸른 하늘처럼 우리의 마음도 깨끗했고, 깨끗한 마음 덕에 작은 것에도 꺄르르 소리 내어 웃었다.

해가 진다. 해가 지려는 참이다. 노랗게 물들고 있는 베를린의 크로이츠베르크 동네를 바라보며 우리는 무작정 뛰었다. 곧 사라질 해가 아쉬워 이리저리 뛰며 해를 쫓아갔다. 이윽고 공원에 닿았고, 공원 한쪽에 물이 꽁꽁 얼어 생긴 작은 빙판장을 만났다. 작은 아이들이 슬라이딩을 하며 놀고 있었고, 우리도 그곳으로 뛰어가 나이를 잊은 채 신나게 놀았다. 해가 더 낮은 곳으로 내려와 그림자를 드리우고, 노란 햇살이 친구를 가득 비춘다. 무대 위의 조명 같다. 사랑하는 친구 J 가 베를린에 왔다. 예쁜 장면을 마주하면 함께 감탄할 친구가 곁에 있다.

함께 맞이하는 베를린의 노란색 가득한 풍경을 보며
"해 질 녘은 어디에나 있으니 우리는 언제든 행복해질 수 있겠지?"
"그럼!"
내가 묻고 J가 대답했다.

해 질 녘의 풍경은
"예쁘다. 예쁘다. 아, 정말 예쁘다."를
수없이 반복해야 지나칠 수 있다.

우리들의
베를린
#Berlin 29
2019
artye
TAXI

꽃이 피는 순간을 본 적이 있나요

4유로. 마트에서 파는 튤립 한 다발 가격이다. 일주일 치 장을 볼 때마다 튤립 한 다발을 꼭 사자고 함께 여행하는 친구와 약속했다. 오늘도 어김없이 우리가 일주일 동안 집에서 먹을 야채며 과일이며 고기를 구입하는데, J가 묻는다.

"예지야, 너 꽃이 피는 순간을 본 적 있어?"

나는 그게 무슨 말인지 몰라 다시 물었다. 그러자 그녀는 언젠가 새벽에 눈이 떠져서 전날 사다 놓은 꽃을 물끄러미 바라보았다고 한다. 꽃봉오리가 조금씩 움직이더니 꽃이 피는 장면을 실제로 마주했을 때, 그 순간은 마치 슬로우 비디오처럼 천천히 움직였고, 그걸 바라보고 있는 그 자체가 경이롭고 신기해서 눈물이 흘렀다는 거다.

갑자기 설레기 시작한다. 보라색 튤립 한 다발을 사서 컵에 꽂아 두었다. 모두가 잠든 새벽녘, 친구의 말이 떠올라 책상에 앉아 튤립을 그린다. 혹시나 나도 그 장면을 볼 수 있지 않을까 싶어서.
나는 꽃이 피는 장면을 보지 못했다. 그러나 튤립을 자세히 관찰하고 꼼꼼히 살피며 어떤 보라색 결을 가졌는지, 튤립 안에는 어떤 수술이 있는지 가만히 바라보며 관찰한다. 문득 오늘 서점에서 적어 두었던 책 제목이 생각났다.

『Look Inside』
보이지 않는 면을 본다. 사람의 내면을 본다.

결국 이런 것들은 그 사물을 혹은 그 사람을 있는 그대로 바라보고,
있는 그대로 인정해 주는 것이 아닐까.
그게 가장 중요하다고 노트에 적었다.

친구의 이야기로 인해 튤립을 관찰하고 관찰하며
중요한 것이 무엇인가 떠올린다. 좋은 순환이다.

LOOK INSIDE

수선화

좋아하는 카페에 앉아 책을 읽는데 유난히 시선이 가는 곳이 있다. 노랗다 못해 투명한 느낌마저 드는 수선화 한 송이. 튤립들 사이에 더욱이 그 자태가 아름답다. 튤립 사이에 수선화 한 송이. 꽃 색마다 사랑의 고백, 실연의 꽃말을 지닌 튤립 사이에, '자기애'라는 꽃말을 지닌 수선화가 왜 이리도 애잔하게 다가오는지. 우연의 일치일지 꽃에 사연을 담은 주인장의 이야기일지.

'살아간다는 것은 외로움을 견디는 일이다.'
정호승 시인의 『수선화에게』가 떠오르는 장면이다.

빙판 위의 행복

아침부터 저녁까지 베를린에서 유명하다는 미술관, 서점, 카페를 돌아다녔다. 여행자의 본분을 충실히 지킨 뒤, 저녁은 숙소에서 요리를 하기로 했다. 이동하는 길에서 가장 가까운 슈퍼마켓으로 걸어가는 도중이다. 길 건너편에서 꺄르르, 꺄르르 웃음 소리가 들린다. 뭐지 싶어 길을 건넜더니 다리 밑 꽁꽁 언 호수에서 사람들이 스케이트를 타고 있다. 마을 사람들이 다 모인 듯하다. 스케이트화를 신은 사람부터 운동화를 신은 사람까지, 오십여 명이 넘는 사람들이 저마다의 방식으로 스케이트를 타고 있다.

작은 아이를 양손으로 꼭 잡고 스케이트를 가르쳐 주는 아빠, 운동화로 미끄러지면서 익살스러운 포즈를 잡는 젊은 친구, 이제 막 사랑을 시작한 것처럼 풋풋한 미소로 서로를 사랑스럽게 쳐다보는 연인, 슝슝 내달리며 엄마를 놀리는 아들, 여동생의 손을 꼭 잡고 천천히 타는 언니, 날렵한 기술로 사람들 사이를 요리조리 피하는 어린아이까지. 저마다 지닌 동작과 표정으로 시간을 즐기고 있다.

어쩌자고 또 해 질 무렵인지. 예쁘게 물든 주황색의 빛이 사람들의 머리 위로 쏟아진다. 그 순간이 미치도록 사랑스러워 한참을 머물러 사람들의 웃음소리를 들었다. 모두의 일상이 아름답게 빛나고 있다. 나는 그저 가깝고도 먼 곳에서 그들을 바라볼 뿐이지만, 마치 이 장면을 보기 위해 찾아온 사람처럼 자연스럽다.

유명하다는 관광지나 꼭 가 봐야 한다는 장소에 갔을 때 역시 '우와' 탄성을 지르며 삼탄한다. 하지만 온몸이 짜릿한 순간은 늘 자연스럽게 빛나고 있는 누군가의 일상, 그 일상에 스며들어 있는 미소, 여유가 느껴지는 시간에 있다. 눈에 보이지 않는 행복이라는 존재가 마치 내 등을 따스하게 어루만지는 느낌.

그런 순간은, 항상 예상치도 못한 우연 속에 있다.

FLEA MARKET

MAUERPARK, ARKONAPLATZ , BERLIN

'벼룩이 들끓을 정도로 오래된 물건들을 파는 시장'이라는 말에서 유래됐다는 플리마켓. 하지만 우리나라에서는 낡은 물건을 파는 벼룩시장보다는 핸드메이드 제품을 파는 플리마켓 문화가 더 발달되어 있다. 나 역시 플리마켓에서 그림을 그려 팔았는데, 중고품을 가지고 오는 셀러는 없고 자신이 만든 작품이나 물건을 가지고 나와 파는 셀러뿐이었다.

베를린에서 찾아간 플리마켓은 진짜 벼룩이 있을지도 모르는 빈티지 옷, 레코드, 가구, 그릇 등 다양한 중고물품을 판다. '정말 이런 걸 사람들이 사 간단 말야?' 할 정도로 낡고 오래된 물건들이 지천이다. 여기 사람들은 물건을 버리지 않나 싶을 정도로 많은 것들이 있다. 냄비는 없고 냄비 뚜껑만 있고, 시계 알은 없고 시계 줄만 있고, 어릴 적 받은 상패와 메달, 유리가 깨진 탁상시계, 여기저기 흠집이 난 각종 그릇과 컵, 올이 다 풀린 카디건, 칼자국이 많이 난 도마부터 자신의 어릴 적 사진까지. 없는 게 없다. 양말 한 짝은 또 얼마나 정겨운지. 벼룩이 들끓을 만도 하다. 물론 깨끗이 정돈된 물건들도 있다. 시간의 흐름이 우아하게 느껴지는 코끼리 장식품과 사용한 흔적이 거의 없는 티스푼, 앤티크한 문고리와 액자까지. 탐나는 물건이다.

도대체 냄비 뚜껑은 왜 파는 거지 싶지만,
이전에 냄비 뚜껑을 프라이팬에 잘못 사용해 버릴 수밖에 없었는데…
왠지 우리 집 냄비 사이즈랑 딱 맞을 것 같기도 하다.

아름다운 우리의 밤

KREUZBERG, BERLIN

여행도 하면 할수록 는다. 일 년 동안 모은 돈으로 처음 떠난 시드니 여행에서는 우여곡절이 많았다. 아직 내가 뭘 더 좋아하고 덜 좋아하는지, 어떤 걸 참기 힘 든지 잘 알지 못했다. 겪고 나서야 '아, 나는 이런 부분에서 스트레스를 많이 받 는구나. 아, 이게 충족돼야 편하구나' 하는 지점들이 생긴다.

시드니에서 돌아와 다시 일 년 동안 모은 돈으로 떠나온 여행. 여행에 있어 내 게 가장 중요한 건, 숙소다. 일상에서도 해 질 무렵에 집으로 돌아와 집에 머무 는 걸 좋아한다. 여행에서도 그건 변함없다. '꼭 가 봐야 할 장소'에 큰 흥미가 없 는 편이라 주로 어슬렁어슬렁 여행하는데, 그럴수록 숙소에 머무는 시간이 길다. 점심, 저녁을 매일 사 먹는 것도 부담이고, 부담을 느끼면 바로 스트레스를 받는 터라 '취사가 가능한 숙소'가 여행을 준비함에 있어 가장 중요한 요소다.

아니나 다를까.

'취사가 가능한 숙소. 거기에 해가 잘 들어오는 창문이 큰 숙소.'를 예약하니 여행이 배로 즐겁다. 해 질 무렵 들어와 창문을 열고 저녁을 준비한다. 해가 퇴근을 하고, 그 잔상이 남아 있는 푸른빛의 시간. 큰 유리창으로 보이는 푸른색은 꼭 파란색 셀로판지를 붙인 것 같기만 하다. 나는 그 시간이 너무 좋다. 삐그덕하는 나무 마루와 창 너머의 풍경을 보며 노란 조명을 켠 채, 책상에 앉아 그림을 그릴 땐 더할 나위 없이 행복하다.

삶이란 하나씩 겪어 가고, 경험하며
좋아하는 것을 늘려 가는 게 아닐까.

그러니 조급할 것도, 그리 짜증 낼 것도 없다.
하나씩 부딪치며 어제보다 나은 나를 만나는 것.
나에 대해 어제보다 더 많이 아는 것.
그런 마음으로 삶을 대한다면, 적어도 불행하지는 않겠다.

여행에서 만난 셀로판지 같은 파란색 하늘로부터 삶을 배운다.

사랑은 높은 곳에서 흐르지

창가에 앉은 연인이 서로를 사랑스럽게 바라본다. 여자의 손은 남자의 허벅지 위에 올려져 있고, 남자는 여자의 손을 다정하게 쓰다듬는다. 똑같은 털모자를 쓰고, 아무 말 없이 서로를 바라보기만 하는 연인을 보며 좋아하는 아티스트의 노래 제목을 떠올린다.

『사랑은 높은 곳에서 흐르지』

그 아티스트는 말했다.
사랑은 물과 같아서 물이 높은 곳에서 아래로 흐르는 것처럼
사랑도 마찬가지라고.
그러니 우리는 스스로가 가진 사랑의 고도를 높여야 한다고.

Love
Is
Flowing
From
High places

THE BARN COFFEE ROASTERS

PM 12 : 38

기록하고 싶은 시간

#1

카페에서 만난 턱수염 오빠(잘생기면 오빠다).
털이 폭신폭신할 것 같다.

만
져

보
고

싶
다

사랑스러운 내 친구

pm 3 : 41

＃2

사랑스러운 모자를 쓴 친구를 그림으로 남긴다.

slike's house

pm 8 : 05

#3

하루를 마치고 돌아왔을 때
주방 의자에서 나를 빤히 쳐다보던 집주인의 고양이들

날
러가서
멋스러운
사 一랑
요

café suicide sue

pm 4:56

＃4

낡아서 멋스러운 사람으로
나 이 들 고 싶 다 .

Populus coffee

커피머신 선반 위

pm 4:04

#5

커다란 몬스테라 화분이 커피머신 위로 떨어지면 어쩌지,
조마조마

#6

책방 주인의 취향을 엿볼 수 있는 마른 꽃

책방 두 번째 선반 위

pm 8:35

Jubel

케이크집, 긴 테이블 위

pm 5:26

#7

이름도 예쁜 카페 jubel의 예쁜 꽃들

BARCELONA

학생일 때, 예술가에 대해 글을 써야 했다. 내가 선택한 예술가는 '안토니 가우디'. TV에서 가우디에 관한 다큐멘터리를 보았는데 자연을 통해 건물을 지었다는 이야기가 흥미로웠다. TV로만 보아도 가우디의 건축물은 아름다웠다. 그 당시 보기 힘들었던 알록달록한 타일과 곡선이 많이 강조된 건물은 동화 속 장면 같았다. 건축가는 죽었지만, 그의 마지막 작품인 사그라다 파밀리아 성당은 아직도 완공되지 못했다는 사실 또한 신기했다. 다큐멘터리를 보며 '언젠가 나도 가우디의 건축물을 보러 갈 수 있겠지.' 막연한 동경을 키워 왔다.

베를린 쇤네펠트 국제 공항. 바르셀로나로 가는 비행기를 타기 위해 기다리고 있다. 두 시간 반만 비행기를 타면 꿈에 그리던 바르셀로나에 도착한다. 언젠가 볼 수 있겠지, 하고 꿈꿔 왔던 장면이 나를 기다리고 있다는 게 이 글을 쓰고 있는 지금도 믿겨지지 않는다.

베를린은 몹시 추운 겨울이었다.
계절을 건너 간다. 가우디의 품과 봄의 곁으로.

지중해와 맞닿아 있는 바르셀로나에 도착했다.

봄아
BARCELONA

베를린은 겨울인데, 바르셀로나는 봄이다. 서서히 따뜻해지는 계절의 변화를 겪지 않고, 비행 두 시간 만에 겨울에서 봄이 되었다. 느닷없이 펼쳐진 봄에 가득이나 아무 생각이 없던 나는 더 멍해진다. 아무 생각이 나지 않는다. 춥다는 이유로 웅크렸던 어깨는 힘을 뺄 법도 한데, 소매치기가 많다는 이유로 긴장하고 있어서일까. 날이 따뜻해 나른한 기분이 드는데 내 몸은 이러지도 저러지도 못한 채 어색하다.

어른들의 말처럼 모든 일에는 순서가 있는 법인가 보다.
지언스럽게 흘러야 하는데 흐름이 없이 맥락이 뚝 하고 끊기니
적응하는 데 시간이 걸린다.

spring
봄아,

베를린에서도
똑같이 보았던 튤립을
봄에 만나니 기분이 이상하다.
봄은 봄이다.
봄은 그런 묘한 계절이다.

Bon dia
2017. 3/4
Barcelona,
artye

3인 음악회

대성당 앞의 3인 음악회. 아름다운 도시에 울려 퍼지는 작은 음악회가 있다.
젊은이와 히끗히끗 연령대가 다른 세 명의 연주자가 모여 흥겨운 음을 만들어
낸다. 어찌나 맛깔나게 연주를 하시는지 길거리 음악회 앞에서 작은 아이가 춤을
추고, 부부가 손을 맞잡고 탱고를 추고, 여행자들이 고개와 발을 까딱까딱.

음은 보이지 않는 것이지만, 성당 주변은 음표로 가득 차 보인다.

특히 할아버지의 노란 코르덴 바지가 가장 좋다.
이름 모를 악기 아저씨의 빨간 양말도.

'Bon dia!' 카탈루냐어로 '좋은 아침!'이란 뜻.
길거리 음악회에 모인 이들이 눈을 마주치며 '본디아!'라고 인사한다.

아, 정말 너무 좋잖아.
울컥한다.

아름다운 장면
PLAYA DE LA BARCELONETA, BARCELONA

해변길을 따라 오래 걸었다. 저마다의 방식으로 해변을 즐기고 있는 모습이 좋아 천천히 걷고 또 걸었다. 관광객이 많은 바르셀로네타 해변 중심가를 지날수록 조금씩 관광객보다 현지인이 많아지고, 더 걸을수록 여유로운 모습을 만나게 되어 바다를 오른편에 두고 느리게 걸었다.

순간, 아름다운 장면을 만났다.

맨발로 모래사장을 걷던 할머니께서 양말을 신으려고 하시자, 할아버지께서 할머니의 발바닥에 묻은 모래를 툭툭 털어 주셨다. 예상치 못한 할아버지의 행동에 수줍은 미소를 한껏 머금으신 채 양말을 꼭 쥐신 할머니의 모습이 너무 아름답다. 그 장면이 좋아 한참을 물끄러미 바라보는데 시선이 느껴지는지 할아버지께서 나를 보신다. 나는 엄지 손가락을 치켜세우며 손을 흔들었고, 할아버지는 손 입맞춤으로 답하셨다.

'지금처럼만 건강하세요.'

이 아름다운 장면에 대한 보답으로 내가 할 수 있는 건,
작은 기도뿐이다.

가우디 카사바트요

CASA BATLLÓ, BARCELONA

용의 전설을 담은 카사바트요.
용의 비늘을 표현한 지붕부터 시작해
물속에 들어와 있는 듯한 착각을 일으키는
울퉁불퉁 유리들,
용의 뼈를 형상한 외관까지
건물 전체가 이야기를 품고 있다.

카사바트요 맞은편 벤치에 앉아 그림을 그렸다.
물감으로는 표현할 수 없는 색이 안타까워
붓을 들었다 놓았다를 반복했다.

La
Sagrada
Familia

Antoni
Gaudi

2019
Barcelona

ortye

오늘 우리에게 일용할 양식을 주시옵고
Give us today our daily bread
마 6:11
Matthew

가우디 사그라다 파밀리아

SAGRADA FAMILIA, BARCELONA

2026년에 완공될 예정인 가우디의 마지막 작품 사그라다 파밀리아 대성당.
대성당 청동문에는 '오늘, 우리에게 일용할 양식을 주시옵고.'라는
주기도문의 문장이 전 세계 언어로 새겨질 예정이라 한다.

종교가 없는 내게 주기도문은 생소하다.
'오늘, 우리'라는 단어가 좋아 눈물이 났다.
성당 내부의 스테인글라스와 햇살이 만나 만들어 내는
형형색색의 빛 그림자는 천국에 온 듯한 황홀함을 느끼게 한다.

'오늘'과 '우리'를 기억하자.

직선은
인간의
선이고,
곡선은
신 의
선이다
Antoni Goudi
Park
Guel
2017
Barcelona
artye

가우디 구엘공원
PARK GÜELL, BARCELONA

'직선은 인간의 선이고, 곡선은 신의 선이다.'

가우디가 남긴 문장.
가우디가 만든 구엘공원의 타일 벤치에 앉아 아래를 보는데
일 층에 있던 건물과 위에 있는 타일의 곡선이 한눈에 들어온다.
어떤 의미로 그런 문장을 남겼을까 가늠도 되질 않는다.

자연에 어떻게 같은 것이 있겠느냐고 말하며
그 어느 것 하나 같은 게 없다는 가우디의 모든 작품들.
일부러 타일을 모두 깨트려 하나씩 맞춘 타일 조각은
삶의 조각처럼 제각기 다르지만 모두 엮여 있다.

가우디!
사람도 자연의 일부니까, 저도 나답게 살면 되는 거죠?
같아지려 하지 않고, 그냥 나로서.
사람의 세상도 저마다의 빛깔로 알록달록했으면 좋겠습니다.

구엘공원에 앉아 기도한다.

비눗방울 아기

BARCELONA CATHEDRAL, BARCELONA

대성당 앞에는 비눗방울 아저씨가 있다. 커다란 비눗방울을 만드는데 바르셀로나의 '쨍'하고 파란 하늘과 만난 비눗방울은 하나의 예술이 되어 사람들을 행복하게 한다. 아이들에게는 단연 최고의 인기다. 아저씨가 비눗방울을 만들어 바람에 실으면 아이들은 날아오는 비눗방울을 손으로 톡톡 터트리는 걸 몹시 좋아한다.

아이들 무리에 유달리 작은 아이가 있다. 아직 기저귀도 떼지 않은 아이인데, 자신보다 키도 크고 몸집도 큰 언니 오빠들에 밀려 비눗방울을 터트리지 못한 채 가만히 보기만 한다. 다들 큰 비눗방울에 집중할 때, 아이는 자신에게 다가오는 아주 작은 비눗방울에도 박수를 치며 좋아한다. 엄마는 저 멀리서 아이를 가만히 지켜볼 뿐이다. 자신에게 오는 비눗방울을 큰 아이들이 따라와 터트려도 아이는 멋쩍은 미소를 띠며 엄마를 본다. 엄마는 그저 고개를 끄덕이며 환한 미소로 답할 뿐이다. 엄마의 미소에 아이가 안정을 찾는다.

자신도 큰 비눗방울을 만지고 싶어 울상을 짓거나 엄마에게 도움을 요청할 법도
한데 아이는 자신에게 다가오는 작은 비눗방울에 큰 박수를 친다. 이리저리 뛰며
큰 웃음을 짓는 아이로 인해, 나 역시 엄마 미소로 아이를 바라보고 있는데 그 마
음이 아저씨에게 전해졌다. 큰 아이들에게 등을 돌려 아이가 큰 비눗방울을 만져
볼 수 있도록 배려한다. 큰 아이들이 다가오자 기다리라고 이야기한다.

그런데 놀라운 건,
아이는 자신은 괜찮다는 듯이 뒷짐을 지며 언니 오빠들에게 양보한다.
그리곤 다시 저 멀리 실려 가는 작은 비눗방울을 따라
열심히 뛰고, 열심히 웃는다.

삶의 결

SITGES, CATALUNYA, SPAIN

시체스, 스페인 바르셀로나 주에 있는 휴양 도시다.
지중해와 맞닿아 있는 바다 풍경이 아름다워 사람들에게 사랑받는다고 한다.
바르셀로나 시내에서 기차를 타고 사십 분 정도 가면,
바르셀로네타 해변과는 다른 푸른 풍경이 펼쳐진다.

새파란 하늘과 바다를 앞에 두고 멋진 할머니를 만났다.

바다 앞 카페에서 맥주를 마시고 있는데, 앞 벤치에 할머니 네 분이 앉아 즐겁게 대화를 나누고 계셨다. 뒤에서만 봐도 멋쟁이임이 분명했는데, 바다를 보며 나란히 앉아 여행을 즐기시는 모습이 인상적이다. 맥주를 다 마시고, 바다를 더 가까이 보고 싶어 다가가는데, 벤치에 앉아 계시던 할머니께서 사진 한 장을 찍어 줄 수 있냐고 물으신다. 아니나 다를까 앞에서 보니 더 멋쟁이다. 네 분의 개성이 고스란히 느껴질 만큼 다른 스타일이다. 사진을 찍는 잠깐의 시간에도 성격이 드러난다. 처음부터 끝까지 동요 없이 턱을 괴고 인자한 미소를 짓고 있는 안경 쓴 할머니, 연신 뭐가 그리 즐거운지 박수를 치시며 활짝 웃던 오렌지 스카프의 할머니, 빠른 몸짓으로 얼른 포즈를 취하라고 유쾌하게 다리를 꼬며 익살스러운 표정을 짓던 할머니, 머리에 두른 하늘색 스카프를 갑자기 푸시고는 우아한 표정을 지으시던 할머니. 그 할머니 덕에 모두 웃음바다가 되었다.

결. 결이란 단어를 영어로 표현하면 layer라 한다. 레이어. 층 혹은 단계. 문득
백발의 나이에도 멋지게 차려입고 친구들과 여행을 오는 할머니들이 쌓아 오신
그 삶의 결이 궁금하다. 어떻게 살아야 나도 백발의 나이에도 떠나올 수 있을까.
자기만의 멋을 안다는 것. 여행에 나이는 상관없다는 용기. 낯선 이에게 다정히
건네는 인사, 주름이 가득한 얼굴에 아름답게 이는 미소. 그 모든 것이 자연스럽
게 쌓이기 위해 그분들이 살아오신 삶의 결이 곱기만 하다.

사진을 찍는 찰나의 순간이지만,
순간을 정성스럽게 쌓아 올려 그런 삶의 결을 만들자,
다짐했다.

사람의 결
2019. 3
Barcellona, Sitges
artye

바르셀로나 멍뭉이
MUSEU D'ART CONTEMPORANI DE BARCELONA, BARCELONA

바르셀로나 현대미술관 앞에서
신기한 카메라로 사진을 찍는 이를 만났다.
지나가는 연인이 사진을 부탁하는데
멍뭉이 한 마리가 자연스럽게 따라와 자리를 잡는다.
연인이 멍뭉이를 보며 연신 미소를 짓고
함께 사진을 찍는다.
당연히 그들의 가족인 줄 알았는데
알고 보니 멍뭉이는 근처 카페의 강아지였다.

찰나를 즐길 줄 아는 멋진 녀석이다.

가장 사랑하는 순간

BARCELONA CATHEDRAL, BARCELONA

성당 앞 계단, 바이올린 연주자가 모퉁이에서 음표를 만들고 있다.
맞은편에 서서 연주를 듣는데 눈에 띄는 아이가 있다.
아이는 연주자에게서 눈을 떼지 못한 채 연주를 듣는다.

미동 없이 연주를 듣는 아이가 신기한지
부모는 연신 미소를 지으며 아이를 바라본다.
아이가 연주에 집중할 수 있게 아빠가 한 뼘 옆으로 떨어져 앉는다.
왼손은 부인과 꼭 맞잡은 채.
아이의 시선은 연주자에 향해 있고,
부모의 시선은 아이에게 향해 있다.
얼마나 아름다운 장면인지.

아이는 한참 집중해서 보더니 연주가 끝나자
함께 앉아 있는 사람들 중 가장 먼저 박수를 친다.
순간, 온몸이 찌릿했다.
시간이 지나도 오래 기억될 장면은, 이런 순간이다.

'We do not remember days, We remember moments.'
시드니를 여행할 때 화장실 벽에 붙어 있던 글귀가
이제서야 나의 문장이 되었다.

We do not remember days,
We remember moments
2017. Barcelona

바르셀로나에서 만난 할아버지

숙소 앞 작은 카페 'café del born nou'
바르셀로나에 머무는 동안 즐겨 찾던 카페다.
주로 그곳에서 그림을 많이 그렸는데, 갈 때마다 한 할아버지와 만났다.

그림을 그리는 내게 관심을 보이시며, 종종 말을 걸어오셨다.
할아버지는 영어를 전혀 하실 줄 몰랐고,
나는 스페인어를 전혀 할 줄 몰랐으므로 대화를 나누긴 어려웠다.
이번에도 나를 기억하시곤,
"수우 코레아노!(Ssur coreano!)"라고 먼저 인사를 건네셨다.

동그란 안경을 쓰신 할아버지는 뭐랄까. 참 그리고 싶은 마음이 들었다. 한국으
로 돌아가는 날이 얼마 남지 않아 할아버지에게 그림을 그려 선물했다. 영어를
스페인어로 번역해 몇 마디 나누었는데, 할아버지의 직업은 유명한 포토그래퍼
라 하셨다. 지금은 은퇴했지만.

내가 그림을 선물로 드리자, 집에 가셔서 책 한 권을 들고 오시더니 내게 건네신다. 할아버지가 젊었을 적 찍은 사진이 표지에 실린 책이다. 할아버지는 더 많은 대화를 원하셨고, 백 년의 전통을 가진 빠에야 집에 가자고 제안했다. 함께 저녁 식사를 했다면 또 경험하지 못할 좋은 추억이겠지만, 한국어를 영어로 바꾸고, 또 다시 영어를 스페인어로 번역해야 하는 과정이 피곤하기도 했고, 무엇보다 그냥 그 순간에는 혼자 있고 싶은 마음이 더 강했다.

그림으로 내 마음이 전달되지 않았을까 싶어, 정중히 거절했다. 하나쯤은 불완전한 것으로 남겨 두어도 좋다. 이따금 그림을 그린다는 행위는 낯선 사람과도 자연스럽게 연결고리가 생길 만큼 커다란 축복이다.

예술은 사람을 선하게 만드는 힘이 있다.

그들의 뒷모습

BARCELONA, SPAIN

여행 사진을 보면 노인의 사진이 많다. 나는 그들의 뒷모습이 좋다. 쓸쓸하고,
외롭고, 느렸다. 그럼에도 슬프기보다 잔잔하고 따뜻한 기운이 느껴진다. 카디
건이나 셔츠, 혹은 스웨터를 입으신 게 좋았고, 백발의 머리색이 좋았다. 느리고
더디지만 천천히 나아갔으며, 혹은 멈춰 있기도 했다. 멈추어 한곳을 응시하는
모습이 좋아 나도 그 시선을 따라 발걸음을 멈춘다. 세월이 선물해 준 여유는 연
륜 있는 노인만이 지닌 것. 우리는 흉내 내거나 따라 할 수조차 없는 아름다움.

그들이 만들어 내는 기운이 좋다.
담지 않으면 견딜 수 없을 만큼.
그 리 지 않 으 면 안 될 만 큼.

당신에게 남기는 메모

여행을 떠나는 이유는, 매일매일 무언가를 해야 하는 삶에서 모든 걸 잠시 내려놓기 위함입니다. 그래서 저는 여행할 때, 꼭 가 보고 싶은 곳만 몇 곳 정해 두고 그날그날 기분과 날씨에 따라 움직여요.

가령, 00미술관, 00공원, 00카페, 00책방 등 목록을 적습니다. 비가 오는 날에는 미술관으로 향하고, 날이 좋으면 공원으로 향해요. 일정이 많아 여행에서도 '해야 하는 일'에 치이지 않게 하루에 하나 혹은 두 개만. 가고 싶었던 곳을 가 보고 나면, 남은 시간은 정처 없이 걷곤 합니다. 그러다 마음에 드는 곳을 만나면 긴 시간 동안 그 공간에 머물면서 사람을, 풍경을 천천히 감상해요.

오늘도 목적 없이 걷던 도중에 노부부를 만났습니다. 저도 모르게 노부부의
느린 움직임을 바라봤어요. 몸이 불편하신 할아버지께서 할머니 쪽으로 몸을
기울이셔요. 할머니께서는 온몸에 힘을 주고 할아버지를 지탱하십니다.
두 분이 마주 보며 웃으셔요.

덕분에 산다는 건 뭘까.
사랑을 한다는 건 뭘까.
몇십 년을 함께한다는 건 어떤 의미일까.
내가 바라는 삶은 무엇일까.
질문을 떠올립니다.

급할 것도, 바쁠 것도 없는 여행자의 삶.
여행의 일상이 고마운 순간입니다.

“We do not remember day, We remember moments.”

삶은 순간의 합이라고 이야기하지요. 오래오래 쌓아 두고 싶은 순간을 그립니다. 그리면 순간을 영원으로 붙잡아 둘 수 있어 참 좋습니다. 살고 있는 제주에서나 여행지인 시드니, 베를린, 바르셀로나에서나 행복은 일상적인 순간에 있었어요.

저를 들뜨게 하고, 울컥하게 하는 장면들은 계절마다 다르게 피어나는 돌담의 꽃 이야기, 한마음 한뜻으로 아이스크림을 기다리던 사람들의 뒷모습, 비눗방울에 한없이 행복해하던 작은 아이의 모습이었습니다. 그럴 때마다 박민규 소설 속 문장이 생각났어요.
'진짜 인생은 삼천포에 있다.'

여행을 즐기는 방식은 저마다 다를 겁니다.

누군가는 건축물을 보며 짜릿함을 느끼고,

누군가는 맛있는 음식에 황홀할 것이며,

누군가는 저처럼 웃고 있는 사람들의 모습에서

여행의 순간을 기억할 테지요.

그게 무엇이든 상관없습니다.
그저 당신의 여행이 작은 순간으로 가득 찼으면 좋겠습니다.

지금까지,
저의 '작은 순간'을 보여드렸으니
이제는 당신이 그 순간을 보여 줄 차례입니다.

당신이 기억하는 그 순간은 무엇인가요?
당신의 이야기를 들려 주세요.

여행을 그리다

2017년 7월 25일 초판 1쇄 발행
2017년 7월 30일 초판 2쇄 발행

지은이 | 최예지
펴낸이 | 이동은

편집 | 박현주

펴낸곳 | 버튼북스
출판등록 | 2015년 5월 28일(제2015-000040호)

주소 | 서울시 동작구 현충로 151, 109-201
전화 | 02-6052-2144
팩스 | 02-6082-2144

ⓒ 최예지, 2017
ISBN 979-11-87320-12-8 13980